I0077116

CONFÉRENCE
de M. le Professeur LANDOUZY

✢

Le Mont-Dore

(PUY-DE-DOME)

T 163 e
1163
50

Don de l'auteur.

CONFÉRENCE

DE

M. le Professeur Landouzy

LE MONT-DORE

(Puy-de-Dôme)

STATION HYDROMINÉRALE

et STATION D'ALTITUDE

Papier, Gravure et Impression Louis GEISLER,
aux Châtelles, par Raon-l'Étape (Vosges)

1906

Te 163
Te

Premier Etage

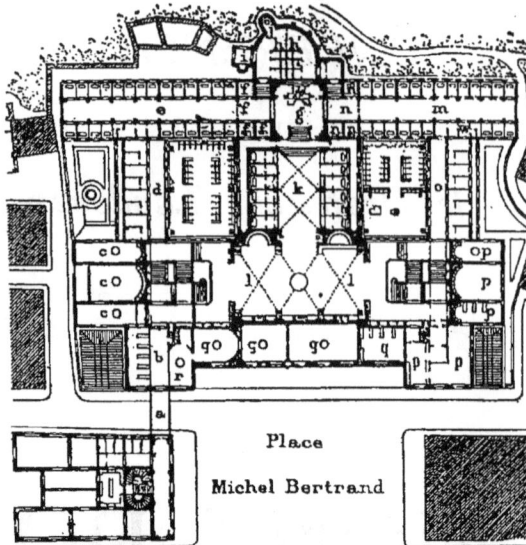

Place
Michel Bertrand

Sources thermales : 1 Rigny, 2 Madeleine, 3 Ramon, 4 Boyer, 5 Pigeon, 6 des Chanteurs, 7 du Panthéon, 8 Boyer-Bertrand, 9 de l'Angle, 10 du Pavillon, 11 César.

Bains hyperthermaux : l, g, h. — Galeries de Bains tempérés et douches : m, o, k, d, e. — Salles d'inhalation : p, q, c, Z. — Douches de vapeur : R. — Gargarisoirs T, N. — Irrigations rhinopharyngiennes : S, M. — Pédiluves : J, O. — Douches nasales gazeuses : f, n. — Hydrothérapie : K. Q. — Administration : C, D, E.

Rez-de-Chaussée

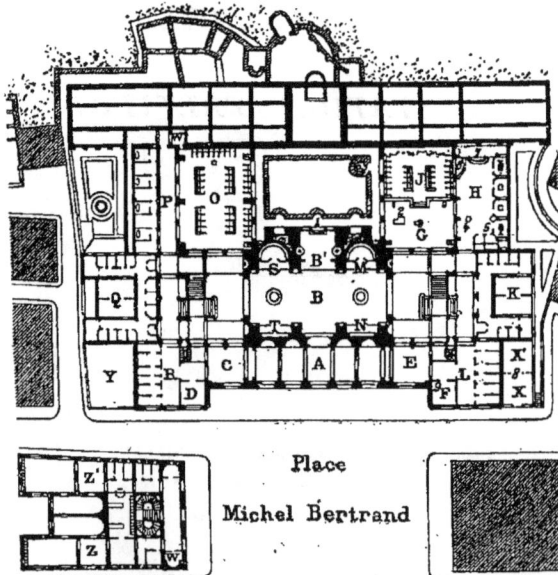

Place
Michel Bertrand

LE MONT-DORE

(Puy-de-Dôme)

Station hydrominérale et Station d'altitude

EAUX HYPERTHERMALES,
GAZEUSES ET ALCALINES,
BICARBONATÉES MIXTES
ARSENICALES, SILICEUSES et FERRUGINEUSES

CURE MONTDORIENNE

PRINCIPALE .
Altitude,
Boisson,
Inhalation,
Bains hyperthermaux à eau courante.

ANNEXE. . .
Pulvérisations et irrigations rhinopharyngiennes,
Douches nasales gazeuses,
Bains tempérés et Pédiluves,
Douches liquides et Douches de vapeur,
Hydrothérapie commune.

SONT JUSTICIABLES :

A) DE LA SPECIALISATION DIATHÉSIQUE :

1° Les malades présentant le mode réactionnel neuro-arthritique,
2° Les héritiers de ce neuro-arthritisme,
3° Certains diabétiques menacés ou atteints dans leurs fonctions respiratoires ;

B) DES SPÉCIALISATIONS FONCTIONNELLES :

1° Les malades souffrant d'affections de l'appareil respiratoire, à forme plus ou moins catarrhale, et surtout à allure congestive ou spasmodique ;
— quelle qu'en soit la localisation (rhinopharyngée, aryngée, trachéobronchique, pulmonaire ou pleurale) ;
— qu'il s'agisse d'irritations diathésiques, professionnelles ou accidentelles ;
— qu'il s'agisse d'inflammations, plus ou moins fixes, consécutives à des infections diverses (grippales, rubéoliques, ourliennes et, dans certains cas, tuberculeuses).

2° Les enfants qui, par leurs antécédents personnels ou par leur hérédité, se trouvent menacés ou atteints des mêmes affections respiratoires.

3° Certains eczémateux, à manifestations tantôt cutanées et tantôt respiratoires.

4° Les malades atteints d'arthralgies, de névralgies, alternant ou non avec des affections respiratoires.

Le Mont-Dore [1]

Messieurs,

C'est avec une vive satisfaction, qu'aujourd'hui je me retrouve au Mont-Dore avec le V. E. M. [2], non pas seulement parce que, comme il y a six ans, nous y sommes favorisés par un temps idéal qui nous permet d'admirer l'âpre beauté des volcans d'Auvergne, et d'apprécier la sensation de bien-être que donne l'air pur et léger de ces montagnes ; mais surtout parce qu'au point de vue des Études Thérapeutiques qui sont le but de notre voyage, cette station est vraiment une des plus intéressantes, une des plus instructives, une de celles avec lesquelles aura le plus à compter le médecin praticien.

La station est des plus importantes en raison de ce fait, qu'ici la *cure hydro-minérale* se trouve *intimement associée à la cure d'altitude*, et qu'ici se réalise l'efficace combinaison de deux modalités physiothérapiques, la convergence de deux énergies curatives distinctes, telle que je l'opposais, il y a des années déjà, aux partisans du traitement univoque des tuberculeux pulmonaires en sanatorium [3].

Le Mont-Dore est curieux en raison de l'ancienneté de son utilisation, révélée par les vestiges de piscines en bois, antérieures à l'époque gallo-romaine ; il est curieux, encore, en raison de *l'importance thérapeutique de sa spécialisation fonctionnelle*, originellement définie et *nettement délimitée*.

Le Mont-Dore se recommande enfin aux médecins et aux malades en raison de la transformation que, depuis une quinzaine d'années, il a subi dans ses installations, faites toutes de confort, d'hygiène et de sécurité sanitaires.

C'est assez vous dire l'extrême intérêt qui s'attache à l'étude :
1° du médicament montdorien,
2° de la médication montdorienne,
3° des malades qu'une experte sélection vous indiquera comme justiciables de cette station.

---

(1) Conférence faite sous forme de *Leçon de choses de Thérapeutique Thermale pratique*, dans la grande salle du Casino du Mont-Dore, le 5 septembre 1904, par le professeur L. Landouzy, directeur scientifique des Voyages d'Études Médicales aux stations hydro-minérales, marines et climatiques de France.
Le sixième de ces V. E. M., organisés depuis 1899 par le Docteur Carron de la Carrière, faisait à plus de cent adhérents, de toutes nationalités, visiter du 3 au 15 septembre les stations du Centre de la France et de l'Auvergne : Lamotte-Beuvron, Néris, Evaux, le Mont-Dore, Saint-Nectaire, La Bourboule, Vic-sur-Cère et le Lioran, Royat, Châtel-Guyon, Vichy, Bourbon-l'Archambault, Bourbon-Lancy, Saint-Honoré-les-Bains, Pougues.

(2) Conférence de septembre 1899, publiée en résumé : in *Compte Rendu du V. E. M. aux stations du Centre de la France* (G. CARRÉ ET C. NAUD, éditeurs, Paris 1900 ; et *Revue Médicale du Mont-Dore*, N° 1, avril 1905).

(3) *Cure de sanatorium, simple et associée* (G. CARRÉ ET C. NAUD éditeurs, Paris 1899, et *Presse Médicale*, N° 42 ; 27 mai 1899).

Le Médicament Montdorien

I

Deux mots d'abord, sur la TOPOGRAPHIE de cette station de montagne :

Point terminus de l'un des réseaux du chemin de fer d'Orléans, le Mont-Dore, à 10 heures de Paris, à 16 heures de Bruxelles, à 19 heures de Londres, communique avec la capitale par les express de cette Compagnie. Par l'intermédiaire des gares de Clermont et de Neussargues, il se relie directement aux express du P.-L.-M., dans la direction de la Suisse et de l'Italie, ainsi qu'aux réseaux du Midi.

Assise à 1050ᵐ d'altitude, en plein centre volcanique, vers la pointe Sud-Ouest du département du Puy-de-Dôme, la station s'adosse, à l'Est, aux coulées trachytiques du Plateau de l'Angle, dans la vallée d'origine de la Dordogne, que domine au Sud le Pic du Sancy (1886ᵐ) et qu'au Nord barre le Puy-Gros (1490ᵐ).

A l'Ouest, le Plateau du Capucin (1250ᵐ) forme, au milieu d'une très belle forêt de sapins et de hêtres, un parc naturel, à peu près horizontal, où les malades passent généralement une grande partie de leur après-midi et où ils accèdent sans effort, en cinq minutes, à l'aide du premier funiculaire électrique construit en France.

Le Mont-Dore est donc, avec Escaldas (1350ᵐ), et Barèges (1232ᵐ), toutes deux stations sulfureuses pyrénéennes, une des trois stations thermales les plus élevées de la France.

II

Si l'Eau du Mont-Dore, qui se rapproche de l'Eau de La Bourboule par quelques-uns de ses composants, présente une minéralisation totale moins chargée, une teneur moindre en arsenic, elle jouit, à très juste titre, d'une réputation au moins égale : de tout temps, le Mont-Dore a été renommé pour sa SPÉCIALISATION RESPIRATOIRE comme La Bourboule, station cadette, l'a été (depuis sa création au milieu du siècle dernier), pour sa spécialisation cutanée.

En ce qui concerne la *façon d'envisager et d'étudier les* **Vertus médicinales**, *les appropriations thérapeutiques particulières d'une Eau minérale*, le Mont-Dore nous présente, Messieurs, un nouvel exemple à l'appui du fait sur lequel j'ai maintes fois insisté, notamment à Ax-les-Thermes, et sur lequel je veux retenir encore aujourd'hui votre attention :

« Aux classifications anciennes de la Matière Médicale, empruntant ses remèdes aux trois règnes, animal, végétal et minéral, il faut — vous disais-je l'an dernier — ajouter un quatrième règne, le règne *minéral-organique*, dans lequel trouveraient place les Eaux thermales, prises au griffon, ces *lymphes minérales*, auxquelles leurs combinaisons métalliques et organiques, aussi bien que leur état thermo-électrique, aussi bien que leur force osmotique, donnent tant de ressemblance avec les sérums naturels, avec les lymphes baignant nos tissus.

« Vraiment, en Thérapeutique générale aussi bien qu'en Pharmacodynamie, les hydrates métalliques *organisés* que sont les sources thermales, doivent être différenciés des remèdes dont la substance est empruntée à la Matière Médicale Minérale de nos anciennes pharmacopées.

« Quelle parité de constitution physico-chimique, quelles parités de statique et de dynamique, en effet, peut-on trouver entre une eau thermale, soit sulfureuse, soit arsenicale, soit bicarbonatée, bue vivante à la source ou prise courante en baignoire, et un soluté de sulfure de potassium, d'arséniate de soude ou de sels de Vichy préparés dans une officine ? »

Quelque justifié que soit l'intérêt accordé aux contributions successivement apportées par la Chimie à la connaissance plus intime des éléments constituants de cette lymphe médicinale, la science minéralogique commence à peine à se rendre compte des échanges intermoléculaires, des mutations véritablement organiques qui, durant leur course ascendante, traduisent la vitalité des sources thermales. De la notation des poids respectifs des divers principes minéraux trouvés dans une eau thermale, peut-on même aujourd'hui conclure à l'existence et au degré de sa radio-activité ? Peut-on préjuger de son potentiel électrique ?

Et — puisque précisément l'Eau du Mont-Dore est le premier médicament minéral organique dans lequel Scouttetten a constaté et suivi les déviations de l'aiguille galvanométrique — il me sera bien permis de rappeler ici, que ce n'est pas à la balance du chimiste, mais bien à l'investigation de l'Eau minérale étudiée et considérée dans toute sa complexité, comme un organisme vivant, qu'est due la découverte de l'énergie magnétique, parmi les différentes sortes d'énergies qui traduisent la vitalité de la source thermale.

Quant aux manifestations de son activité physiologique *en présence du réactif humain*, quant à son rôle thérapeutique à l'égard des altérations diathésiques et des troubles fonctionnels, je ne crois vraiment pas que vous les puissiez tout à l'heure pressentir à la simple inspection du tableau des divers éléments chimiques que vous allez voir constituer la minéralisation, relativement faible, de l'eau montdorienne.

Ici, comme dans d'autres stations, l'empirisme avait, de temps immémorial, fait reconnaître les propriétés médicinales particulières des sources. C'est ce que nous apprend Michel Bertrand, dont les études de polyclinique ont tant contribué à établir la *spécialisation* montdorienne : « De pauvres malades, écrit-il, qui avoisinaient les sources, furent l'objet de leurs premiers bienfaits et parlèrent de leurs vertus. Les récits étaient simples comme les hommes qui les faisaient, vrais comme l'action du remède. Ainsi commença et s'étendit, peu à peu et sans brigue, la célébrité de nos eaux thermales. »

On trouve, bien haut dans l'histoire du Mont-Dore, de précieux documents qui permettent de retrouver les premières utilisations thérapeutiques faites de ses sources et des vapeurs qui s'en dégagent;

tels les renseignements, très détaillés, laissés au vᵉ siècle par Sidoine Apollinaire, et d'après lesquels l'application traditionnelle de ces eaux aux affections respiratoires paraît remonter plus loin encore.

A ce point de vue de l'antique spécialisation du Mont-Dore, il n'est pas sans intérêt d'arrêter nos regards sur le buste du *Vieux romain* dont la tournure est bien faite pour retenir notre attention. Avec ses épaules soulevées, son sternum bombé, sa poitrine voussurée, ses yeux saillants, est-ce que le personnage ne se présente pas avec l'habitus de l'asthmatique emphysémateux au cou court, par remontement du thorax ? N'est-ce pas cette impression que donne la vieille statue en pierre basaltique décorant aujourd'hui la grande salle de l'Établissement moderne comme elle ornait, voilà bien des siècles, les luxueux Thermes gallo-romains? S'il est permis de discuter, au point de vue archéologique, sur la signification de l'arme sphéroïdale placée en sa dextre, et considérée aujourd'hui comme un attribut d'origine arienne, symbolisant ici la force récupérée, le fait à noter, au point de vue médical, c'est que, parmi les nombreuses statues retrouvées dans les hydropoles anciennes de la France et de l'Étranger, celle du Mont-Dore est la seule à laquelle le sculpteur, chargé de la décoration des Thermes, a donné les traits caractéristiques du bronchitique emphysémateux.

Par sa spécialisation et sa valeur médicatrices, telles que les a entrevues l'empirisme ancien, telles que les ont précisées les observations de la clinique moderne, telles que nous les allons voir confirmées dans l'étude de la médicamentation hydrominérale, — par le nombre des indications médicales auxquelles il peut satisfaire, non moins que par les qualités de son installation et de son outillage, — le Mont-Dore mérite, incontestablement, en même temps qu'un rôle thérapeutique aussi particulier qu'important, l'un des premiers rangs parmi les stations hydrominérales.

III

L'étude de la station montdorienne est instructive aussi, vous ai-je dit, en raison de sa RÉNOVATION HYGIÉNIQUE : l'établissement, lors de sa réfection, en 1890, a été le premier à inaugurer le règne de l'asepsie, unie au confort, et, depuis lors, grâce à l'initiative des habitants, les principes de la prophylaxie moderne ont reçu leur application, non seulement dans les édifices publics, dans les villas neuves et dans les hôtels de premier ordre, mais encore à

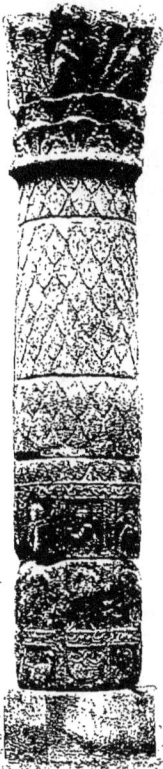

l'intérieur de logements anciens, dans lesquels on trouve toutes les garanties qu'apporte avec elle la désinfection scientifiquement faite et surveillée.

Par les progrès de ses services municipaux, par la création de ses équipes de désinfecteurs, par l'extension de son système d'égouts, par les perfectionnements de sa voirie, par les efforts individuels de sa population hôtelière, la station s'est mise en demeure de rassurer toutes les peurs qui, au lendemain de la découverte du bacille de Koch, avaient jeté, momentanément, un certain discrédit sur quelques-unes des stations thermales les plus justement renommées pour leur spécialisation thérapeutique, comme le Mont-Dore, Allevard, les Eaux-Bonnes, notamment. Par l'ensemble des garanties hygiéniques qu'aujourd'hui il assure aux baigneurs, nombreux et divers, qui sont justiciables de sa médication, le Mont-Dore s'est mis à l'abri de tout soupçon. Il réalise la prédiction que je formulais, dès 1895, en annonçant que ce seraient les stations, où fréquentent les tuberculeux et les prédisposés, dans lesquelles on se trouverait le plus en sécurité contre la contagion bacillaire, de même que c'est dans les Maternités qu'on sait aujourd'hui le mieux se garantir contre la contamination streptococcique.

IV

Considérons maintenant la matière médicale elle-même, l'EAU MINÉRALE, dont nous aurons à étudier ensuite les divers procédés d'utilisation.

C'est à l'intérieur de l'établissement thermal — garni de revêtements imperméables et partout canalisé, véritable modèle d'installation aseptique, permettant, après chaque service matinal, les lavages et les chasses à grande eau — que directement des fissures trachytiques, sans tuyauterie aucune et à l'abri des poussières sous leurs cages vitrées, jaillissent les **douze sources montdoriennes**. Leur débit total atteint près de 900.000 litres par jour, et la température, au sortir de la roche, varie entre 38° et 47°, exception faite pour la source **Marguerite**, employée parfois comme eau de table, froide, gazeuse et acidulée. Les Eaux du Mont-Dore, très chargées de gaz, dont le plus abondant est l'acide carbonique, sortent du sol en bouillonnant et forment à la surface une pellicule irisée, principalement constituée par de la silice, qui laisse sur les margelles des vasques un dépôt rappelant certaines variétés d'agate.

L'Eau qu'on boit ainsi vivante, immédiatement à son émergence des griffons — tandis qu'elle se présente encore en pleine activité de ses mutations moléculaires, avec toute sa mobilité organique, avec tous ses potentiels, chimique, magnétique, électrique ou radio-actif, qui en font une véritable lymphe médicinale — coule dans le verre, transparente et claire ou descend vers les tubes d'embouteillage.

Exportée, cette eau permet aux malades de tous pays de continuer ou de reprendre chez eux la cure, avec intervalles opportuns, et contribue à la juste renommée du Mont-Dore.

Je dois mentionner à part la source **Félix**, appartenant à un régime différent, qui sourd à deux kilomètres environ de l'Etablissement et qui, plus riche en chlorure de sodium, est prescrite ici avec succès dans les cas de gravelle urinaire, tout comme le serait l'Eau de Martigny, dont elle possède d'ailleurs la teneur en lithine.

Quant aux sources qui jaillissent dans l'établissement — parmi lesquelles sont surtout employées en boisson les sources des **Chanteurs, Madeleine, César et Ramond**, et parmi lesquelles sont réservées aux demi-bains hyperthermaux à eau courante les sources du **Panthéon** et du **Pavillon** — elles présentent toutes une minéralisation globale de 2 à 3 grammes, dont un gramme de bicarbonates divers, et variant peu d'un griffon à l'autre :

Bicarbonate de soude	0gr536 à 0gr543
— chaux	0 272 — 0 342
— magnésie	0 163 — 0 176
— potasse	0 021 — 0 031
— fer	0 020 — 0 032
— lithine	0 001 — 0 008
Chlorure de sodium	0 358 — 0 368
Silice	0 155 — 0 168
Sulfate de soude	0 066 — 0 075
Alumine	0 006 — 0 011
Arséniate de soude	0 001 — 0 001
Borate de sodium	
Iodure	traces.
Bromure	
Fluorure	
Oxyde de manganèse	
— cœsium	indices.
— rubidium	

Ce qu'il faut retenir de cette analyse chimique, c'est qu'il s'agit d'une eau *alcaline faible, gazeuse, bicarbonatée mixte, arsenicale, ferrugineuse et siliceuse*, avec cette particularité que l'Eau du Mont-Dore est la plus siliceuse des eaux françaises.

Quant aux gaz spontanément émis par les sources — d'après l'analyse de M. Parmentier — ils comprennent, dans 100 volumes, 99,50 d'acide carbonique, 0,49 d'azote et 0,01 d'argon, sans traces d'oxygène. En évaporant dans le vide, en présence de l'acide sulfurique, de l'eau distillée dans laquelle on a fait barbotter ces gaz, on recueille un faible résidu salin, formé en majeure partie de silice, de bromures et de chlorures.

En terminant cette étude *anatomique* de l'Eau montdorienne, il me faut bien vous rappeler de nouveau qu'elle est un médicament minéral-organique et, sans sortir encore du domaine du laboratoire, je vous ferai remarquer ici qu'elle y manifeste sa vitalité par des phénomènes de divers ordres qui traduisent les effets variés du potentiel dont elle s'est chargée.

C'est ainsi que je dois noter, parmi ses énergies emmagasinées, l'affinité toute particulière que présente l'eau montdorienne, exposée à l'air libre, à l'égard de l'oxygène dont elle absorbe, suivant les observations de MM. Coignart et Bretet, une quantité dix fois plus grande que ne le fait l'eau distillée.

C'est ainsi que — sans m'arrêter de nouveau sur l'expérience galvanométrique de Scuttetten — je dois signaler dans les gaz échappés des sources, les raies spectroscopiques de l'hélium, dénonçant sa radio-activité récemment constatée par M. Currie.

Pour extraordinairement importantes, pour très suggestives que soient nos connaissances, sur la statique et la dynamique des sources montdoriennes, sur son chimisme, vous vous rendrez compte, ici comme en tant d'autres stations, qu'elles ne pourraient suffire à dégager les indications, à fixer les spécialisations diathésiques et fonctionnelles qui ont fait mondiale la réputation du Mont-Dore.

Dois-je répéter aujourd'hui encore que les spécialisations thermales, les indications thérapeutiques précisées, comme les cures hydro-minérales opportunément appliquées, sont vraiment le fait de la pratique sagace et de l'expérience ingénieuse de nos confrères des stations bien plutôt que l'aboutissant d'enquêtes et d'analyses produites par les chimistes.

Sans rien méconnaître des enseignements de la thermo-chimie, sans faire fi des prémisses thérapeutiques dues aux analyses de laboratoire, j'affirme que nos malades, par le soulagement, par le réconfort et par la guérison rapportés de leurs « saisons » au Mont-Dore, ont, depuis Sidoine Apollinaire, depuis le Dʳ Bertrand jusqu'à la polyclinique des confrères qui sont l'honneur de cette station, ont, dis-je, le plus et le mieux démontré la réalité de la spécialisation montdorienne.

C'est là un fait général que les habitués du V. E. M. m'entendent fréquemment proclamer sous une formule que, pour l'adapter à la médication hydro-minérale, j'emprunte aux vieilles pharmacopées : *Naturam aquarum effectus et curationes ostendunt.*

Nul étonnement, après tout, — puisqu'il s'agit aux Eaux d'action sollicitée par un médicament, et de réaction produite par un malade, — nul étonnement, que ce soient nos confrères plutôt que les chimistes qui nous aient enseigné combien et comment nous pouvons obtenir des effets thérapeutiques différents, à l'aide de sources de minéralisation particulière et de composition originale. Notez que je ne confonds pas minéralisation et composition : la composition d'une source comprend en réalité bien d'autres choses que la nature de ses éléments chimiques, car elle comprend l'ordination desdits éléments, aussi bien que leur état électrique et thermique, que leur mutation, que leur radio-activité, etc.

Combien d'effets thérapeutiques nuancés ne s'obtiennent-ils pas au Mont-Dore par l'emploi de la gamme minérale et thermique si étendue ? Que de variétés de cures faites par les malades : les uns venant ici, en si grand nombre, pour des affections respiratoires, d'autres pour s'y traiter de névralgies, de douleurs articulaires, de diabète !

La Médication Montdorienne

Il nous faut, au Mont-Dore, envisager successivement les DIVERS MODES D'EMPLOI du médicament et les DIVERS MODES DE RÉACTION des buveurs et des baigneurs.

I

Je ne veux pas, toutefois, m'attarder ici sur les MÉDICATIONS ANNEXES de la cure montdorienne, telle que l'**hydrothérapie commune** — ni même sur les **bains tempérés** résultant d'un mélange d'eau douce avec l'eau minérale et usités pour leurs effets sédatifs — ni sur les **douches minérales liquides** ou les **douches de vapeur,** tantôt employées comme révulsives, tantôt appliquées localement à titre résolutif, notamment dans le traitement des affections articulaires.

Je ne m'arrêterai pas non plus, malgré leur réelle valeur thérapeutique, sur CERTAINES APPLICATIONS LOCALISÉES DE LA CURE MONTDORIENNE : tel l'usage des gaz, spontanément émis par les sources et recueillis en vue de leur emploi, sous forme de **douches nasales gazeuses** dont l'action locale — anesthésique et constrictive — est généralement durable et s'utilise avec succès en certains cas de rhinorrhée.

Telles encore les *applications immédiates de l'eau minérale sur les muqueuses rhinopharyngienne et laryngienne.* Mise en contact direct avec elles par les **irrigations,** les **gargarisations** et les **pulvérisations,** elle exerce une action légèrement astringente et tonique.

Il me suffit de vous rappeler combien souvent sont infectées les premières voies aériennes, comment celles-ci interviennent dans le jeu physiologique ou pathologique des réflexes respiratoires, pour vous faire saisir toute l'importance des applications topiques d'un médicament, tantôt anesthésiant et sédatif, tantôt détersif et tonifiant, permettant d'assurer ou de rétablir l'intégrité fonctionnelle des muqueuses aériennes supérieures.

II

J'ai hâte d'étudier avec vous, plus spécialement, les TROIS MODES D'EMPLOI PRINCIPAUX de l'Eau montdorienne qui, avec l'action de l'Altitude, impriment à la médication ses traits vraiment caractéristiques, et de vous exposer — à peu de choses près comme je l'ai fait il y a six ans déjà — les cures :

1° de **Boisson ;**

2° de **Bains minéraux** (demi-bains hyperthermaux, pédiluves, manuluves) ;

3° d'**Inhalation.**

A. — La cure de **Boisson** du Mont-Dore est de très grande importance : par la boisson seule, nombre de malades ont obtenu de sensibles amendements.

De saveur légèrement styptique, l'eau du Mont-Dore ingérée dans l'estomac y augmente la sécrétion de l'acide chlorhydrique ; — bien qu'elle n'accroisse pas sensiblement la diurèse, elle provoque, régulièrement, une décharge uratique manifeste ; elle diminue ensuite notablement les déperditions en déchets azotés et en produits d'oxydation imparfaits ; — plutôt constipante, à moins d'intolérance idiosyncrasique, elle paraît s'éliminer spécialement à travers les muqueuses respiratoires sur lesquelles, *mutatis mutandis*, elle exerce une action comparable à celle des médicaments balsamiques.

En outre, chez les diabétiques, elle diminue généralement, dans une mesure très notable et persistante, le taux de la glycosurie.

Telles sont, très résumées, les observations notées à l'égard de l'ingestion de l'eau du Mont-Dore, tant chez des médecins qui se sont soumis à l'expérimentation, que chez les malades traités exclusivement de cette manière.

A la cure de boisson (sans l'adjuvance ni des bains hyperthermaux, ni des inhalations) peut se rapporter l'effet reconstituant général ressenti par le malade, autant que la sédation objectivement et subjectivement marquée du côté des voies respiratoires.

Ainsi, l'action *générale* de la cure montdorienne est nettement *antiarthritique*, puisque stimulant et réglant la nutrition, augmentant l'activité des oxydations organiques, elle parvient à faciliter les décharges uratiques. Cela d'une façon assez apparente pour frapper l'attention des malades qui dénomment « semaine des sables » la seconde semaine de leur cure, la semaine durant laquelle leur urine traduit au maximum l'exode des principes uratiques.

L'action *localisée* de la cure montdorienne est particulièrement anti-arthritique *respiratoire*, puisque ce sont les fluxions, les spasmes, le catarrhe, les troubles fonctionnels respiratoires, dont souffrent les arthritiques, qui, au Mont-Dore, s'amendent le plus et le mieux.

L'action respiratoire (la spécialisation thérapeutique fonctionnelle peut-on dire) se traduit par la *sédation* — toux moindre ; expectoration facilitée puis diminuée, respiration amplifiée — et par la *décongestion* ; sédation et décongestion se marquent dans l'arbre respiratoire tout entier, puisque des modifications organiques et fonctionnelles sont appréciables depuis les muqueuses nasales jusqu'aux séreuses pleurales.

Que si l'interprétation des effets obtenus par la cure montdorienne de boisson est délicate à donner, leur constatation n'est point difficile, et nous ne comptons plus les arthritiques soulagés, améliorés ou guéris au Mont-Dore.

Les résultats thérapeutiques obtenus par l'eau montdorienne ingé-rée sont considérables ; ils fournissent — étant donné que, en somme, la minéralisation globale est peu élevée — un nouvel exemple de cette vérité sur laquelle j'insiste tant, à savoir, combien les résultats clini-ques l'emportent (en matière de médications thermales), dans leur te-neur et leurs variétés, sur les prémisses chimiques.

Je trouverais ici encore de quoi justifier certaines velléités de classifications thermales *cliniques*, qui, pour les besoins de la pratique, pourraient apparaître préférables aux minces indications fournies, d'ordinaire, par la composition des eaux thermales.

Est-ce que, en effet, ce que l'expérience apprend aux médecins à faire *avec* une eau minérale, ne leur importe pas plus que sa composi-tion intime, laquelle composition pourtant décide de son classement ?

Au point de vue pratique, au point de vue des indications théra-peutiques à remplir, notre art s'accom-mode plus (hormis peut-être pour les eaux alcalines fortes, les eaux sulfureuses et les chlorurées sodiques fortes) des ré-sultats acquis en polyclinique thermale que des conjectures tirées des analyses chimiques.

Sur quel indice, par exemple, se baser, à ne considérer que la miné-ralisation du Mont-Dore, sur quel indice se baser pour augurer que la cure montdorienne ferait merveille contre les affections respiratoires des arthritiques ?

Sur quel indice encore se baser pour augurer de l'action de l'eau du Mont-Dore qui, en vertu d'affinités quasi-spécifiques pour l'appareil res-piratoire, y détermine, même lors-

qu'elle est prise seulement en boisson, une hyperémie, une douce excitation substitutive, anti-catarrhale, agissant dans ses effets sélectifs comme le font les balsamiques ?

Ces résultats spéciaux, sinon spécifiques, enregistrés à la polyclinique du Mont-Dore, prouvent, une fois de plus, que c'est au *réactif-malade* qu'il appartient, et cela en dernier ressort, de démontrer la réalité et la valeur des spécialisations hydro-minérales.

B. — Les **Bains hyperthermaux**, qui sont une des pratiques curieuses et des plus originales du Mont-Dore, généraux ou partiels — ceux-ci plus usités que ceux-là — peuvent être considérés comme l'un des modes les plus importants de la médication.

Mais ce n'est, je vous le rappelle, qu'un des quatre termes essentiels de la cure suivie par les légions de malades qui hantent la station : je dis quatre termes, parce qu'à la Boisson s'ajoute la stimulation dérivante des *Bains hyperthermaux* (bains de pieds, bains de siège, etc.), les *Inhalations* et un *Milieu d'altitude*.

Ces demi-bains hyperthermaux, — dans lesquels on est plongé jusqu'à la ceinture, pendant cinq à dix minutes, à une température variant de 39 degrés à plus de 43 degrés, selon l'abondance des griffons alimentant les diverses cuves, — sont *pris dans l'eau courante, à l'émergence des sources*, alors que l'eau n'a encore presque rien perdu de ses propriétés natives (thermales, électriques, chimiques). Ils provoquent, chez les malades, d'abord un léger spasme vasculaire avec augmentation de la rapidité et de la dureté du pouls, puis, en manière d'érythèmes artificiels, une rubéfaction intense de toutes les parties immergées, rapidement suivie d'une sudation de la moitié supérieure du corps.

Rhabillé aussitôt dans son costume de flanelle, le malade est ramené dans son lit, où, après une courte période d'excitation générale, il éprouve une transpiration modérée, plutôt agréable, accompagnée d'un véritable sentiment de détente et, d'ordinaire aussi, d'une sensation très nette d'augmentation de l'amplitude respiratoire.

Chez des rhumatisants ou des goutteux, l'emploi répété de cette puissante médication révulsive peut provoquer, soit immédiatement, soit à échéance parfois assez lointaine, le retour d'une fluxion articufaire ou la réapparition d'un exanthème. Chez des cardiopathes, ou chez des névropathes, cette réaction pourrait éveiller un éréthisme qui ne serait pas exempt de périls.

Les **bains de pieds** pris également sur ces griffons ou dans des baquets spéciaux, comme les **manuluves** (prescrits quand les pédiluves sont contrindiqués), constituent un procédé de révulsion moins intensif, mais réitérable plus fréquemment, dont on fait avec raison, au Mont-Dore, un usage presque général.

On comprend, combien pareilles manœuvres stimulantes et dérivatives, chaque jour répétées, peuvent, et par les réactions nerveuses et par les réactions vasculaires, se répercuter de la périphérie au centre, et du centre à la périphérie. On comprend combien pareilles manœuvres peuvent modifier les activités nutritives et glandulaires aussi bien que les activités fonctionnelles de l'appareil respiratoire, qu'il s'agisse

des muqueuses du rhino-pharynx, des muqueuses bronchitiques ou de la circulation pulmonaire. On comprend combien sont souverains leurs effets décongestifs, dont témoignent chaque jour les résultats observés pendant la cure et après la cure, non seulement dans les fluxions des voies respiratoires auxquels sont si sujets les arthritiques, mais encore dans les séquelles inflammatoires laissées par la tuberculose, par la rougeole, par la grippe, etc.

C. — Le troisième terme de la médication montdorienne est représenté par la cure d'**Inhalations**.

Grâce à l'installation de vastes salles chauffées à des températures de 28, 30 et 32 degrés, l'inhalation s'effectue, au Mont-Dore, en pleine activité ambulante et non dans la fixité imposée en tant d'autres établissements, pourvus seulement de cabinets d'inhalation dont l'étroitesse ne permet aux malades que la stabulation. Pendant vingt minutes, une demi-heure ou une heure que le malade séjourne dans les salles d'inhalation, il y peut rester assis ou s'y promener, y remuer, y causer, l'inhalation se faisant en plein fonctionnement des organes, le malade affectant dans la marche ou dans la causerie une toute autre modalité respiratoire que s'il restait immobile, en face d'un vaporisateur, ou assis dans une salle trop étroite pour lui permettre de se déplacer et de se mouvoir.

Contrairement aux prévisions théoriques, les vapeurs résultant de l'ébullition de l'eau du Mont-Dore contiennent, dans les chambres d'inhalations, indépendamment d'une forte proportion d'acide carbonique libre, de petites quantités, nettement appréciables et même dosables, de silice, de fer et d'arsenic. Ce fait, plusieurs fois vérifié, serait dû, suivant l'hypothèse la plus admissible, à la brusque dislocation des bicarbonates dans les chaudières et à l'entraînement mécanique de quelques atomes de métaux ainsi mis en liberté. Très vraisemblablement aussi, sous l'effet des réactions produites à ces hautes températures, l'arsenic se répand dans le brouillard médicamenteux, en partie au moins, sous forme de chlorure volatile, car la proportion d'arsenic retrouvée dans les vapeurs est relativement supérieure à la proportion de chacun des autres éléments minéraux qui n'y passent que par entraînement mécanique.

La minéralisation du brouillard médicamenteux est accrue, en outre, par l'emploi de pulvérisations effectuées sur le cheminement même de la vapeur, qui se charge ainsi de principes métalliques, comme fait le vent lorsqu'il souffle chargé d'humidité.

Quoiqu'il en soit des expériences et des interprétations con

cernant la minéralisation de l'atmosphère des salles d'inhalation, le brouillard tiède qu'on y inspire est chimiquement médicamenteux, et les résultats cliniques, qui sont l'objet principal de notre étude, révèlent de la façon la plus manifeste, ses effets thérapeutiques.

Au Mont-Dore, vous disais-je, les malades, en se promenant dans les vastes salles d'inhalations, respirent au milieu des vapeurs qui, descendant jusqu'aux confins des alvéoles, peuvent envahir et imprégner toutes les anfractuosités des voies respiratoires depuis les méats des cavités nasales, depuis les sinus jusqu'aux infundibula pulmonaires. Cette buée humide, chaude, chargée d'éléments minéraux, se répand dans tout l'arbre aérien ; imbibant, stimulant, hypérémiant doucement toutes ses parties ; augmentant l'activité des sécrétions bronchiques ; provo-

Une Salle d'Inhalation, d'après le tableau de A. AUBLET. — Cliché Braun, Clément et Cⁱᵉ.

quant une manière de décapage de l'endothélium de surface et des épithéliums glandulaires.

Mais l'action de cette buée sur les muqueuses respiratoires ne semble pas simplement une action *détersive*, se traduisant par la fluidification des secrétions, par l'expulsion des divers produits catarrhaux ou des dépôts fibrineux et, avec eux, de la flore saprophytique ou pathogène, qui siège à la superficie des cryptes, des conduits ou des alvéoles ; elle n'est pas seulement une action analogue, au point de vue antiseptique, à celle d'un purgatif quelconque destiné à débarrasser mécaniquement de ses fermentations anormales la cavité et les parois du tube digestif.

Elle agit sur les muqueuses respiratoires d'une façon plus durable, et, sans lui attribuer aucun effet bactéricide *direct* (que rien ne paraît établir d'ailleurs), on peut comparer l'action thérapeutique de l'eau du

Mont-Dore inhalée (comme l'action de l'eau du Mont-Dore prise en boisson dont je parlais tout à l'heure) et son action stimulante fixée *topiquement* sur la muqueuse bronchique, on peut la comparer, dis-je, à ce qui se passe chez les malades traités par les balsamiques et aux effets anticatarrhaux produits par l'élimination de ces balsamiques à travers la muqueuse respiratoire.

L'action profonde, que les inhalations montdoriennes exercent sur le parenchyme pulmonaire, action décongestive et résolutive que la Clinique démontre clairement (comme l'action qu'elles exercent sur le terrain diathésique), peut se comprendre si l'on envisage la place importante que détient le tissu lymphatique dans l'anatomie et dans la physiologie de l'appareil pleuro-pulmonaire aussi bien que dans l'appareil respiratoire tout entier.

On conçoit que l'atmosphère médicamenteuse, en pénétrant jusqu'au fond des anfractuosités glandulaires, jusqu'au fond des alvéoles ; en renouvelant, dans chaque inspiration, l'apport des particules métalliques au voisinage des lacs lymphatiques — lesquels commandent les échanges osmotiques cellulaires — y modifie les échanges moléculaires, en active les fonctions élémentaires, en stimule la vitalité.

Si l'on tient compte (étant données l'acuité et l'intensité d'absorption des voies respiratoires) d'une part, de la longueur de temps passé dans la salle d'inhalation, d'autre part, de l'ampleur des surfaces respiratoires mises au contact des vapeurs, on se convaincra qu'en une heure d'inhalation, l'absorption d'eau montdorienne, par la voie pulmonaire, peut égaler, sinon même dépasser, la quantité prise chaque jour en boisson.

La cure dans les salles d'inhalation a le grand avantage de faire faire aux malades une manière de traitement local, d'agir comme une médication topique, puisque les vapeurs, douées d'affinités, sinon de spécifités organiques, lubréfiant les muqueuses, sollicitent topiquement ces muqueuses à d'autres activités nutritives, à d'autres sécrétions glandulaires, à d'autres activités fonctionnelles, à d'autres réactions nerveuses qu'à celles où les avaient réduites les rhinopathies, les laryngopathies ou les bronchopathies, séquelles de maladies infectieuses (rougeole, grippe, tuberculose) ou manifestations d'états constitutionnels.

Si j'insiste sur les inhalations, comme sur une des pratiques qui, chaque jour, prend plus de place dans la médication montdorienne, c'est non seulement que beaucoup de médecins y attachent une extrême importance pour la sédation comme pour la résolution des affections respiratoires ; c'est aussi parce que, très vraisemblablement, la pratique des inhalations agit en partie comme le fait l'eau du Mont-Dore absorbée en boisson.

L'action immédiate de l'inhalation, vous ai-je dit, semble être essentiellement *détersive* et *sédative*, calmante à la manière d'un topique, agissant, par contact, sur l'élément nerveux et spasmodique bronchitique.

Pour juger de la réalité de cet effet antispasmodique des vapeurs montdoriennes, il suffit d'avoir vu porter dans les salles d'inhalations

un asthmatique au début de son accès ou en pleine crise et de l'y retrouver, au bout de quelques minutes à peine, expectorant avec faci-
lité et respirant à pleins poumons. Mais, ne vous y trompez pas, *cet
effet sédatif immédiat* n'est pas le seul, et l'*effet sédatif principal* est celui
qui s'obtient à la longue, parfois après la seconde ou la troisième cure
seulement, et qui consiste dans la suppression définitive ou, tout au
moins, dans une diminution persistante et très manifeste de la fréquence
et de l'intensité des accès.

Pour saisir, au Mont-Dore, l'action *décongestionnante* et *résolutive*
des inhalations, il faut suivre chez un malade, l'espace de cinq à dix
jours environ, un ensemble de phénomènes réellement caractéristiques
en raison de leur ordre de succession et de leur parallélisme. Prenons
pour exemple un tuberculeux présentant, sans réaction pyrétique ac-
tuelle, un ancien foyer bronchopneumonique, avec quelques lésions
cavernuleuses. Ce qu'observent les médecins de la station, et leur
expérience sur ce point ne varie pas, c'est d'abord la modification de
la toux, qui se fait moins quinteuse, plus grasse, moins improductive ;
l'expectoration, primitivement pénible, visqueuse, mucopurulente,
devient en même temps, plus facile, plus abondante, plus décolorée et
plus aérée. Parallèlement à ces modifications, dans toute la zone de
matité qui entourait les lésions fixes, la sonorité s'améliore très notablement et le silence initial fait place à des râles sous-crépitants de
retour, fins et secs, coïncidant avec la réapparition du murmure vésiculaire et se montrant progressivement plus gros et plus humides. Le
malade, dès ce moment, avant même que l'expectoration ait commencé
franchement à tarir, accuse l'atténuation de son essoufflement dans la
marche et dans la montée. En sorte que cet ensemble de change-
ments, qui s'accompagne d'ailleurs d'un relèvement déjà sensible dans
l'état des forces, ne saurait laisser aucun doute sur l'action décongestionnante des vapeurs, se traduisant à la fois, par la *fluidication des
sécrétions* et par le *retour de la perméabilité* dans la zone périlésionnale.

Ce n'est pas tout, et ce que souvent vous-mêmes vous verrez en
plus chez vos clients, dès la fin de la cure ou dès les premières semaines qui la suivent, c'est l'expectoration diminuer et rester notablement
amoindrie, sans cesser d'être blanchâtre et décolorée, c'est la récupé-
ration de la fonction respiratoire persistant dans la zone péritubercu-
leuse. Souvent, dans le courant même de l'année, vous constaterez, au
siège du petit foyer de ramollissement, les signes incontestables d'une
cicatrice fibreuse ou fibro-calcaire, dont témoigne parfois, indépendamment d'un souffle sec et permanent, l'expectoration inopinée, en
pleine restauration de l'état général, d'un ou deux crachats hémoptoïques entourant quelques fragments pneumolithiques.

En outre — qu'il s'agisse d'ailleurs d'un tuberculeux moins com-
plètement cicatrisé ou seulement d'un neuro-arthritique sujet à des
bronchites ou à de véritables congestions pulmonaires récidivantes —
vous verrez chez l'un ou chez l'autre, les poussées congestives habi-
tuelles demeurer, souvent dès le cours de la première année, suppri-
mées ou se montrer moins fréquentes, moins durables, et sûrement
très atténuées.

Il serait difficile de délimiter, dans cet effet tardif, la part qui revient à l'action des inhalations et la part qui revient à l'eau ingérée en boisson; mais il nous suffit de savoir que l'effet s'observe chez certains malades qui n'ont pas été soumis à l'usage de la balnéothérapie révulsive.

L'action de ces inhalations n'est donc pas seulement décongestionnante, cataplasmante, sédative. Elle semble localement, topiquement avoir encore un effet ultérieur, tonique, astringent, cicatrisant, à en juger par le bénéfice que retirent de cette médication, même les malades atteints de processus exulcéreux des voies respiratoires, même les malades atteints de tuberculose ouverte, pourvu qu'ils ne soient pas fébricitants, pourvu que leur bacillose ne soit point en activité infectieuse.

III

De l'ALTITUDE, qui constitue le quatrième terme de la médication montdorienne, vous connaissez, Messieurs, les effets généraux et je ne vous les rappellerai pas actuellement.

Mais nous ne saurions oublier que — si l'eau du Mont-Dore, prise en boisson, est anticatarrhale et reconstituante, si par les inhalations combinées à la révulsion muco-cutanée, elle est aussi sédative, décongestive, révulsive — tous ces résultats sont obtenus dans une station de montagne, et, qu'en somme, le traitement montdorien est une cure **thermale hydro-minérale d'altitude.**

Ici, cet élément climatique n'est point à considérer, seulement en tant qu'influençant la nutrition générale du malade, en tant que stimulant son appétit; ici, l'élément climatique est à considérer en tant qu'influençant, durant la médication hydrominérale, les modalités respiratoires (qu'on sait être différentes en montagne et en plaine). *Inhaler et exaler les vapeurs montdoriennes à 1.000 mètres au-dessus du niveau de la mer* force le malade à une gymnastique pulmonaire nullement indifférente dans l'espèce.

Les mouvements respiratoires augmentent de nombre durant les premiers jours seulement, puis d'amplitude définitivement, il en résulte une mobilisation de toutes les cases alvéolaires, de toutes les régions pulmonaires, aussi bien de celles des sommets que de celles des bases : d'où véritable brassage des régions profondes et corticales pleuro-

pulmonaires dans l'atmosphère médicamenteuse des chambres d'inhalations; d'où le traitement des séquelles pulmonaires et pleurétiques; d'où, comme gain définitif, au terme de la saison, augmentation de la capacité pulmonaire, expansion plus libre du poumon dans la cage thoracique.

La décongestion et la sédation broncho-pulmonaires ne se font pas seulement (la chose mérite que nous insistions sur les associations thérapeutiques montdoriennes), par la dérivation obtenue par les *Demi-bains* et les *Bains de pieds,* par l'absorption de l'eau et des vapeurs médicamenteuses, et par le massage pulmonaire que procurent les respirations faites dans les chambres d'inhalation, mais encore par les conditions mécaniques, physiologiques, thérapeutiques, dans lesquelles s'effectue la médication hydro-minérale chez des sujets respirant à plus de mille mètres au dessus du niveau de la mer.

Voilà pourquoi et comment le Mont-Dore est — avec son installation hygiénique, avec sa richesse hydrominérale, avec son outillage complexe, y compris son funiculaire du plateau du Capucin — la médication, sinon spécifique, au moins particulièrement spéciale, merveilleusement adaptée aux affectés des *voies respiratoires ;* aussi bien aux malades qui n'en sont encore qu'aux irritations et aux congestions diathésiques ou professionnelles, consécutives aux maladies infectieuses (tuberculose, grippe, rougeole, etc., etc.) qu'à ceux déjà victimés par des inflammations *localisées.*

Les Justiciables de la Cure Montdorienne

I

Si nous cherchons maintenant à repérer, parmi nos clients, les plus justiciables de la cure montdorienne, nous devons tout d'abord — pour l'étude du TERRAIN ORGANIQUE le mieux apte à bénéficier des effets intimes qu'exerce sur la nutrition l'eau minérale absorbée en boisson ou en inhalation — nous souvenir de ce qu'ont observé les cliniciens de la station au sujet de la décharge uratique initiale dans la « semaine des sables » ; et nous rappeler en même temps ce qu'ils nous enseignent au sujet de la puissance thérapeutique de leur médication à l'égard des altérations fonctionnelles respiratoires d'*allures spasmodiques ou congestives*. Nous reconnaîtrons ainsi, avec nos confrères, que c'est, *surtout*, parmi les sujets offrant les **attributs de la diathèse neuro-arthritique,** héréditaire ou acquise, que se doit recruter la clientèle du Mont-Dore.

En outre — en raison des effets sédatifs et résolutifs des vapeurs montdoriennes sur le tégument — il nous faut mentionner ici, parmi les modalités de l'arthritisme, ses expressions herpétiques; sans empiéter ici sur le domaine des dermatoses, il nous faut noter, parmi les tributaires du Mont-Dore, **certains eczémateux** chez lesquels les poussées cutanées alternent ou coïncident avec les congestions ou les spasmes respiratoires.

D'autre part — en raison des effets nettement antiglycosuriques de l'eau minérale ingérée — sont justiciables aussi de la cure montdorienne, **certains diabétiques** souffrant d'affections irritatives de l'appareil respiratoire, menacés ou atteints de bacillose.

Enfin — et j'insiste sur ce point, parce qu'en matière d'affections respiratoires s'il importe de guérir tôt, il importe encore plus de prévenir — sont justiciables de la médication montdorienne les **enfants** qui, par leurs **antécédents personnels** ou **héréditaires,** sont exposés aux spasmes, aux irritations, aux congestions respiratoires, auxquels les prépare leur diathèse arthritique presque forcément accidentée de localisations infectieuses (rougeole, grippe, etc.).

Mais la spécialisation montdorienne, vous l'avez compris, est double, elle est *diathésique*, comme telle ANTIARTHRITIQUE ; elle est aussi *fonctionnelle* et, comme telle, en sont justiciables les affections RESPIRATOIRES.

Puisque dans le courant de la cure, l'absorption du médicament montdorien restreint les déchets en azote, nous devons adresser à cette station les malades qui sont affectés, *à la fois*, de **troubles respiratoires** et d'**insuffisante assimilation des aliments azotés**

— notamment ceux qui sont *hypochlorhydriques* — en raison de l'effet stimulant de l'eau ingérée sur la sécrétion gastrique, effet que je vous ai signalé au début de la conférence.

Et nous nous rappellerons que l'inhalation, elle aussi, fût-ce uniquement en restaurant les conditions de l'hématose, contribue, avec les autres effets de la cure hydrominérale et de l'altitude, à remonter, chez bon nombre **d'infirmes respiratoires**, un état général **dont les altérations nutritives peuvent être de nature accidentelle**, et succéder à des infections d'origine quelconque ou résulter de causes très diverses.

Ce que, tout à l'heure, nous avons dit à propos de l'action physiologique de la cure montdorienne justifie sa SPÉCIALISATION FONCTIONNELLE qui attire, à bon droit — avec les diathésiques — tous les **surmenés professionnels**, les **accidentés**, les **infectés** de l'appareil respiratoire.

Vous avez ainsi pu saisir pourquoi et comment elle est la médication par excellence de tant de **catarrhes respiratoires**, notamment de tant de catarrhes bronchiques. Vous comprenez pourquoi, sous l'influence de la cure, se modifient, diminuent ou cessent les **irritations, les congestions, les spasmes** d'origine nasale, pharyngée, laryngée ou bronchique, dont souffrent particulièrement tant d'arthritiques abarticulaires. Vous comprenez pourquoi viennent chaque jour plus nombreux au Mont-Dore les chanteurs, les orateurs, les prédicateurs, les professeurs, les avocats, etc., etc., tous ceux que leurs *fatigues professionnelles*, s'ajoutant le plus souvent aux effets de leur diathèse arthritique, mettent en état catarrhal des premières voies respiratoires.

C'est encore comme justiciables des effets décongestionnants, détersifs, dérivatifs, sédatifs de la station, qu'y doivent venir les malades chez lesquels le tableau symptomatique respiratoire est fait de réactions nerveuses : toux spasmodique, crises pulmonaires, asthme, décrit si justement par nos anciens comme une attaque de nerfs respiratoires.

De fait, parmi les nombreux surmenés de l'appareil phonateur, parmi les quelques traumatisés du poumon ou de la plèvre, parmi les infirmes respiratoires par intoxication exogène (éther, vapeurs nitreuses, etc.), ou par intoxication endogène (fermentation d'origine respiratoire ou digestive), parmi les infectés grippeux rubéoliques, ourliens, tuberculeux, il en est beaucoup, à coup sûr la très grande majorité, qui bénéficient de la cure AU DOUBLE TITRE FONCTIONNEL ET DIATHÉSIQUE.

En ce qui concerne particulièrement nos clients *bacillaires*, c'est à ceux d'entre eux qui sont nés ou devenus arthritiques, que s'adapte le mieux la médication montdorienne. Cela non pas seulement parce qu'ils doivent à leur tempérament héréditaire ou acquis d'arthritiques, l'évolution originale de leur bacillose, mais aussi et surtout, parce qu'ils réagissent à l'irritation spécifique *(trahit sua quemque voluptas)* suivant leurs privautés éréthiques, par des irritations congestives ou spasmodiques. C'est chez ceux-là que la médication montdorienne, prescrite en temps opportun et récidivante, est particulièrement efficace. Elle les aide à calmer, à modérer les congestions et les spasmes, elle en restreint le nombre et l'intensité ; elle limite le champ des associations microbiennes si communes dans les maladies chroniques du poumon ; elle aide à perméabiliser leur tissu pulmonaire périlésional, et, plus tard, à assouplir leurs adhérences pleurales cicatricielles.

L'AGE, *même avancé*, de nos clients — pourvu qu'il n'existe pas angéïo-sclérose prononcée — ne constitue pas une contre-indication absolue. Chez des bronchitiques ayant dépassé la soixantaine, et présentant même un peu de dilatabilité du cœur droit, la cure montdorienne, *prudemment conduite*, quotidiennement surveillée, amène souvent, avec l'atténuation ou la suppression des poussées bronchitiques, la déplétion du ventricule droit, la régularisation des fonctions cardio-vasculaires et la disparition persistante d'un œdème malléolaire.

Ce n'est certes point aux adultes seuls que s'applique la cure montdorienne appliquée aux affections fluxionnaires, spasmodiques et asthmatiques de l'appareil respiratoire.

Les **Enfants**, *même les jeunes enfants*, se trouvent très bien de la cure qu'on leur fait faire ici pour en finir avec les reliquats qu'ont laissés chez eux certaines broncho-pneumonies grippales, rubéoliques, coquelucheuses ; il en est de même pour tous les accès d'asthme par lesquels trop souvent, au seuil de la seconde enfance, les héritiers d'arthritiques dénoncent leur vice originel. J. Simon envoyait nombreux ici ses petits clients ; beaucoup d'entre nous, imitant sa pratique, se trouvent bien de la médication montdorienne que, à mon avis, on n'emploiera jamais assez tôt chez les fils de neuro-arthritiques, si on veut, dès l'abord, enrayer chez eux les troubles fonctionnels respiratoires, et empêcher ceux-ci de devenir troubles organiques.

Et, je le répète ici à dessein, qu'il s'agisse **d'enfants, d'adolescents** ou **d'adultes** qui, par l'adultération organique ou fonctionnelle des voies respiratoires — primaire, récidivante ou chronique, superficielle ou profonde, simple ou polymorphe — dénoncent leur état diathésique, le Mont-Dore doit, chez eux, intervenir *à titre préventif*, pour que chez eux, quelque affection des voies respiratoires ne prépare pas le lit à la tuberculose.

II

Cela dit, nous pouvons passer rapidement en revue les AFFECTIONS LOCALISÉES, des différents organes du système respiratoire qui sont justiciables de la médication montdorienne.

Pour ce qui regarde le **Rhinopharynx**, si le Mont-Dore favorise chez l'enfant la *régression du tissu adénoïdien*, il n'est vraiment utile, chez l'adulte, dans les cas d'hypertophies molles et quelque peu volumineuses de cette région, qu'après l'ablation chirurgicale ; il se montre alors réellement efficace pour tonifier la muqueuse et prévenir la multiplication exubérante du tissu glandulaire. Parmi les neuro-arthritiques, ce ne sont pas les sujets affectés d'hydrorrhée chronique, non spasmodique, mais ceux qui sont atteints de *rhinopharyngites congestives*, avec ou sans propagation vers les trompes, qui ont chance de trouver au Mont-Dore la guérison. Ceux encore qui souffrent du *rhume des foins* ou de *rhino-bronchites spasmodiques* y sont assez souvent guéris ou notablement améliorés, à la condition toutefois de répéter la cure pendant plusieurs années.

Je ne reviendrai pas sur les bienfaits qu'au Mont-Dore une médication tonifiante assure aux *surmenés du* **Larynx** ou qu'une médication plus sédative procure aux neuro-arthritiques souffrant de *poussées congestives du tube laryngo-trachéal*, d'*aphonie nerveuse*, de *toux spasmodique* et, maintes fois aussi, de *vertige laryngien*. Je rappellerai que chez les malades en puissance de *tuberculose*, le larynx (ne fût-ce même qu'en raison d'une atténuation des effets de cette localisation catarrhale), bénéficie encore de la cure montdorienne, pourvu que la lésion spécifique de l'organe n'y soit pas déjà profonde, et pourvu que l'infiltration ne soit pas non plus assez étendue en surface pour faire redouter la possibilité d'un œdème glottique.

En ce qui concerne l'arbre respiratoire **intra-thoracique**, la médication décongestionnante, sédative et révulsive du Mont-Dore est absolument indiquée pour tous les neuro-arthritiques *bronchiteux graillonnants*, à toux sèche, quinteuse, irritante, à expectoration difficile, perlée ou visqueuse, — pour tous les rhumatisants ou goutteux sujets aux *trachéo-bronchites congestives*, au *catarrhe sec* des bronches, aux *congestions pulmonaires erratiques* ou *récidivantes*.

Cette médication convient également à tous les malades atteints de *bronchite catarrhale*, *chronique* ou *fréquemment répétée*, et accompagnée d'*emphysème*, — à tous ceux, jeunes ou âgés, qui, touchés dans leur muqueuse pulmonaire par une infection quelconque (grippale, pneumococcique, coquelucheuse, rubéolique) y présentent des *foyers broncho-pneumoniques persistants* ou *récidivants*, avec ou sans *symptômes d'adénopathie bronchique*, — à tous ceux qui, soit vers les bases, soit aux sommets, portent des restes d'*induration pulmonaire*, à tous ceux enfin dont la *plèvre* a été touchée et offre encore les signes d'une inflammation chronique, avec ou sans reliquat d'épanchement ou d'adhérences.

Je vous disais, tout à l'heure, que la cure montdorienne est réellement utile à l'égard des **localisations respiratoires tuberculeuses** lorsqu'elle est prescrite dans les conditions opportunes.

L'une de ces conditions se trouve déjà, d'un mot, indiquée dans les lettres de Sidoine Apollinaire sur les eaux du Mont-Dore qu'il dénomme « *aquæ phtisiscentibus* mirabiles ». Retenez, messieurs, cette expression de « *débutants dans la phtisie* » dont les cliniciens modernes ont pu préciser la signification sans rien infirmer de sa justesse compréhensive. Elle vous rappellera que la cure montdorienne s'adresse non seulement aux hypérémies prétuberculeuses ou néo-tuberculeuses, mais encore, dans certains cas, à des stades anatomiquement et cliniquement plus patents de la bacillose pleuropulmonaire.

Ce n'est pas comme douée de propriétés chimiques spécifiquement ou antidotiquement agissantes, c'est comme détersive, dérivative, décongestionnante, que la cure fait les circonstances moins favorables aux envahissements parasitaires ; c'est parce qu'en outre, elle a une action topique cicatrisante, en même temps que résolutive, qu'elle permet de réglementer, en quelque sorte, le processus de sclérose curative et qu'elle est la médication de toute une variété de *tuberculeux arrivés*, de tuberculeux ayant même commencé à frayer avec la phtisie.

Une autre condition de succès, c'est que la lutte soit entreprise *pendant une trêve de la pullulation spécifique et de la fièvre toxinique.*

C'est lorsque, à la fin seulement d'une de ces périodes agressives, nous savons confier certains de nos tuberculeux arthritiques à nos confrères avisés du Mont-Dore afin qu'ils les aident soit à résoudre leurs inflammations post, péri ou paratuberculeuses, soit à assouplir leurs zônes périlésionnales ; c'est alors que la cure montdorienne peut donner des résultats étonnants.

De ces guérisons, nous en avons vu, même chez certains phtisiques de nos clients ayant quelque peu frayé avec la consomption pulmonaire, pourvu, qu'au Mont-Dore, leurs médecins les aient soignés avec une main gantée de velours, et pourvu, bien entendu, que le terrain, mis au contact de la médication montdorienne, ait pu permettre des réactions utiles, défensives et non offensantes.

A ce sujet, rappelez-vous qu'en raison de son action décongestionnante, — loin d'être à redouter pour les *hémoptoïques*, pourvu toutefois qu'il ne s'agisse pas, cela va sans dire, de cavernes à vaisseaux anévrysmatiques ou encore de névropathes à réactions tellement éréthiques que la moindre stimulation physique ou psychique détermine chez eux une hémorrhagie — le Mont-Dore réussit généralement à diminuer la fréquence et l'intensité des poussées congestives.

Réservant aux Eaux-Bonnes ou à Allevard les tuberculeux à forme torpide, et à La Bourboule les scrofuleux et les dystrophiques héréditaires dont le terrain éminemment bacillisable n'attend qu'une occasion pour faire de l'expectative une réalité, choisissez, parmi les tuberculeux, pour les envoyer ici les malades de tempérament arthritique et de réaction congestive.

C'est en me basant sur les résultats obtenus dans pareilles conditions bien déterminées que j'ai pu, au Congrès de Berlin, en mai 1899, opposer aux partisans du traitement univoque des tuberculeux, en sanatorium, les avantages de l'application du principe de Brehmer en stations thermales et climatiques ; et prôner, à juste titre, parmi les exemples les plus heureux de ces associations thérapeutiques, les améliorations et les guérisons dont bénéficient, au Mont-Dore, certains tuberculeux sélectionnés parmi ceux qui souffrent de désordres congestifs et de lésions irritatives.

Bien entendu — en vue des cures associées, surtout lorsqu'elles sont prescrites aux tuberculeux — il est utile de prémunir les malades contre le préjugé d'une durée réglementaire de trois semaines assignée au traitement thermal ; il importe de ménager la possibilité de prolonger la cure selon les circonstances, et de fragmenter, par des repos plus ou moins répétés, la médication hydrominérale, repos et longueur de temps s'imposant surtout quand il s'agit de médications aussi actives que celles du Mont-Dore.

C'est également en raison des heureux effets de l'association du médicament hydro-minéral et de l'altitude du Mont-Dore que, depuis si longtemps j'enseigne ne pas connaître pour les ASTHMATIQUES de meilleure médication, en tous cas de médication plus désirable. Cela dit, pourvu qu'on ne confonde pas les asthmatiques — que la Noso-graphie appelle les vrais, les essentiels — avec les faux asthmatiques traduisant en accès de dyspnée, soit une cardiopathie, soit une néphro-pathie, qu'aggraveraient la cure thermale et l'altitude. Cela dit, pourvu qu'il s'agisse bien (comme c'est le cas le plus fréquent) d'une bacillose larvée ; pourvu que le malade se révèle asthmatique à la faveur de réactions spasmodiques commandées par un état lésionnal apparent ou caché, superficiel ou profond, de l'arbre aérien.

C'est, en effet, par ses inhalations sédatives et résolutives, et parfois aussi par ses demi-bains révulsifs — associés à la note clima-tique — que le Mont-Dore mérite la réputation de soulager toujours et de guérir au moins temporairement les asthmatiques ; cela précisé-ment parce que l'asthme dit vrai, même quand il est isolé, est ordi-nairement *fonction de bacillose*.

J'estime que l'asthmatique réputé essentiel est sujet à des accès de spasmes respiratoires, parce qu'il a une *épine bacillaire thoracique* qui conditionne la localisation de la névrose, au même titre que le peut faire telle lésion nasale si fréquemment incriminée.

Puisque je parle de *formes larvées*, rien d'étonnant à ce que mon opinion ait été contestée ; mais ne l'avait-elle pas été précédemment à l'égard de bien d'autres formes larvées de la tuberculose, qui sont aujourd'hui nettement décelées chez les pleurétiques, chez les athrep-siques, chez les pseudo-typhoïdiques, chez certains sciatiques, spléno-pneumoniques, ou emphysémateux ?

Qu'on ne m'objecte donc pas que, si tel asthmatique avéré, après une carrière bien remplie d'accès d'asthmes, s'est formellement révélé tuberculeux, cela tient à ce que la contagion s'est abattue sur lui et l'a fait tuberculeux, quoique asthmatique !

Depuis qu'on a dû cesser de ne reconnaître comme tuberculeux que les seuls états pathologiques où se manifeste le nodule de Laënnec, les formes larvées de la tuberculose ont pris droit de cité dans la Phtisiologie. Les symptômes, pour légers qu'ils soient, ne permettent plus au médecin d'attendre le contrôle des expectorations bacillifères pour classer, au point de vue étiologique et thérapeutique, ses divers malades, dont les dossiers purement cliniques (y compris les révéla-tions familiales) *sentent* de plus ou moins loin la tuberculose.

Je suis loin, d'ailleurs, de méconnaître le rôle que la dyscrasie spéciale ou neuro-arthritique peut jouer dans l'apparition de la névrose pulmonaire, quand j'enseigne qu'une épine tuberculeuse, qu'une intoxication tuberculineuse y prend une place prépondérante, ne fût-ce qu'à titre fixateur. Si la tuberculose ne se présente pas chez ces malades avec la symptomatologie habituelle aux bacillaires classiques commençants, c'est que le terrain sur lequel apparaît d'ordinaire l'asthme explique, en partie, l'évolution si lente de leur tuberculose. Eclosant chez un neuro-arthritique, la bacillose aboutit à l'appareil dyspnéique convulsif qui fait entrer certains arthritiques néotuberculeux dans la catégorie des asthmatiques.

Ne savons-nous pas combien les arthritiques sclérogénisants vivent d'ordinaire en quasi-santé avec leurs servitudes tuberculeuses, quelle que soit, du reste, la localisation de celles-ci ? Ne connaissons-nous pas les pronostics moins sombres à porter chez toutes les jeunes femmes névropathiques et neurasthéniques renforcées, dont les tuberculoses marchant avec une extrême paresse, tendent plutôt à se circonscrire qu'à diffuser, les fatiguant par les accès de toux et de dyspnée plutôt que par la fièvre, — la baccillose se montrant, sur elles, remarquablement peu infectieuse ? Est-ce que Pidoux, déjà, ne nous avait pas appris à compter avec la marche spécialement lente et originale de la tuberculose chez les asthmatiques ?

Vraiment, toute l'histoire de maints asthmatiques réclame contre la conception étroite que la nosographie classique nous donne de l'asthme *vrai*. Je crois que, de ce côté au moins, la révision est nécessaire, et que la tuberculine (employée prudemment comme injection exploratrice) en passant sur maints asthmatiques pourrait bien nous apporter maintes révélations, maintes surprises ; d'autant que le propre de la tuberculose du neuro-arthritique est d'évoluer sans fièvre, est d'évoluer sèche, c'est-à-dire sans expectoration, sans permettre, par conséquent, de recourir aux examens bactérioscopiques.

C'est la biographie tout entière de maints asthmatiques, laissant à l'une quelconque des étapes de leur existence percer leur tuberculose qui, depuis longtemps, me fait enseigner que les asthmatiques doivent être envisagés comme des tuberculeux ou, tout au moins, comme des bacillaires localisateurs frustes.

Sans parler ici des autres asthmatiques que j'ai en observation — sur une quarantaine de malades qui sont passés au Mont-Dore, dans cette seule saison, et que j'ai connus personnellement dans ma clientèle habituelle ou dans mes consultations, dix étaient asthmatiques ; les uns *apparemment* tuberculeux (je ne dis pas phtisiques, après ce que je viens de vous rappeler de l'évolution spécifique chez ces malades), les autres *apparemment* bacillaires. Mais je dis *apparemment*, parce que que certains détails actuels de la symptomatologie, joints à l'examen de leur histoire pathologique, me permettent d'affirmer qu'il s'agit chez eux de bacillose larvée.

Ce qu'on trouve chez eux, c'est, en premier lieu, le dossier plus ou moins complet, des diverses affections dont les allures et le groupement portent la signature du neuro-arthritisme. C'est, en second lieu, la notation de nuances minimes dans la palpation, la percussion et l'auscultation du thorax, nuances d'autant plus délicates qu'elles sont généralement masquées par l'emphysème, surtout aux époques voisines des accès. Ces nuances dans la tonalité ou l'élasticité à la percussion, dans l'intensité des vibrations, dans la résonnance de la voix et de la toux, dans l'ampleur, dans le timbre, dans le moëlleux du murmure vésiculaire, ces nuances infimes, qu'on recueille par la comparaison minutieuse des zônes symétriques, se caractérisent par la *fixité* de leur siège. On les retrouve toujours aux mêmes points, après les orages congestifs et spasmodiques comme on les retrouve — avec moins de peine en général — chez les néo-tuberculeux non asthmatiques après les congestions artificielles périlésionnales que provoque l'emploi des iodures, depuis de longues années ordonnancés dans mon service comme méthode de diagnostic précoce de la tuberculose.

Mais, si ces indices stéthoscopiques exigent des investigations répétées et méticuleuses; s'il est bien compréhensible qu'ils puissent échapper à l'examen pratiqué en plein accès ou encore pendant la période d'emphysème aigu qui persiste un certain temps après les crises; si même ils deviennent insaisissables quand l'emphysème permanent prend un certain développement; il n'en est pas moins vrai que, pour qui suit le malade un certain nombre d'années, la suspicion se trouve généralement changée en certitude par la survenance de quelque affection surajoutée, de nature bacillaire : c'est, chez l'un, l'apparition d'une adénite sus-claviculaire du côté suspect ou la révélation radioscopique d'une opacité permanente dans la zône des ganglions trachéo-bronchiques ; chez tel autre, la coïncidence du début des crises avec le réveil d'une bacillose déjà notée ou soupçonnée et demeurée latente depuis plusieurs années ; c'est, plus rarement, la production d'une hémoptysie bacillifère à propos d'une poussée congestive accidentelle ; c'est, le plus souvent, l'évolution lente, mais progressive, du processus sclérogène pleuro-pulmonaire aux points primitivement suspectés d'infiltration commençante.

C'est encore — et cela, par malheur fréquemment — l'apparition de tuberculoses dans la filiation directe comme dans l'entourage immédiat de parents asthmatiques, partout réputés de belle santé, n'était leur asthme ! J'ai souvent, dans mes leçons sur la tuberculose larvée, rapporté, à cet égard, des histoires navrantes. Telle, entre autres, celle d'une de mes clientes sexagénaire, convaincue aujourd'hui de tuberculose scléreuse du sommet droit, atteinte dès l'adolescence d'asthme toujours réputé vrai, et qui, dans les meilleures conditions apparentes de confort, contamine trois enfants et une femme de chambre morte phtisique.

L'enquête enfin conduit, dans certains cas, à la connaissance d'une contagion spécifique, nettement déterminée (à l'occasion d'une plaie par exemple) et antérieure au début des accès.

Voilà pourquoi j'insistais, tout à l'heure, sur la nécessité d'interroger *tout* le passé pathologique de ces malades, si l'on veut y retrouver les circonstances cliniques, très diverses, qui achèveront d'éclairer le dia-

gnostic étiologique et de fixer l'origine réelle des altérations fonctionnelles observées chez les asthmatiques.

En ce qui concerne les faux asthmatiques, c'est avec raison, dois-je
ajouter, que le corps médical de cette station nous signale des artério-
scléreux avancés qui, en dehors de tout conseil technique, se présentent au Mont-Dore sous l'étiquette d'asthmatiques, et s'étonnent qu'on
leur conseille d'en partir, d'autant plus, qu'au début, ils éprouvent, dans
les salles d'inhalation, un soulagement momentané parce que, dans la
tiède atmosphère des vapeurs, leur circulation périphérique se trouve,
pour un temps, facilitée.

III

Bien qu'en passant en revue les nombreuses catégories de malades dont l'appareil respiratoire est appelé à bénéficier de la cure
montdorienne, je vous aie, maintes fois aussi, signalé ceux auxquels
cette médication ne saurait profiter, je crois utile de bien vous fixer
sur ce que sont les CONTRE-INDICATIONS du Mont-Dore.

Il importe pour le médecin, lorsqu'il a en vue une station hydrominérale dont ses clients peuvent être tributaires, d'avoir non moins
clairement à l'esprit la liste résumée des circonstances, étrangères ou
non à l'affection principale, qui rendraient ce choix inopportun.

On n'enverra au Mont-Dore *ni les hépatopathiques, ni les néphropa-
thiques* : car ni la cure, ni le climat ne pourraient leur convenir. On n'y
enverra — en dehors des adénopathies trachéo-bronchiques — aucun
malade dont les troubles respiratoires seraient imputables à l'existence
d'une *tumeur des organes thoraciques ou cervicaux*, ni aucun malade
atteint, quelle qu'en soit d'ailleurs la localisation, d'une néoplasie.

On se rappellera qu'une *angéïo-sclérose prononcée* se trouve mal,
sinon de la médication thermale, tout au moins du climat d'altitude ;
et, si chez certains bronchitiques emphysémateux la cure montdorienne soulage très efficacement le surmenage consécutif imposé au
ventricule droit, on n'oubliera pas, qu'en revanche, le traitement thermal, pas plus que l'altitude, ne sauraient convenir aux malades affectés d'une *cardiopathie qui ne serait pas franchement secondaire*, et, surtout, d'une *cardiopathie qui ne serait pas suffisamment compensée*.

Si, d'une façon générale, c'est parmi les neuro-arthritiques affectés
de troubles organiques ou fonctionnels de l'appareil respiratoire que
se doit recruter la clientèle montdorienne, on se rappellera, bien
entendu, que, non seulement les *affections graves du système nerveux*,
mais encore une *excitabilité neurasthénique exceptionnellement exagérée*,
supportent mal les climats de montagne.

Quant aux tuberculeux pulmonaires, on se souviendra de ce que j'ai
dit du terrain sur lequel la graine est venue germer, on se souviendra
de ce que j'ai dit de la résistance organique et de sa modalité réactionnelle fibro-congestive.

En résumé :

De cet exposé et des longs développements qui s'y rattachent, je désire vous voir retenir les grandes lignes :

1° Le Mont-Dore — *place forte thérapeutique* du Puy-de-Dôme, à plus de 1,000 mètres d'altitude — est riche en *Eaux hyperthermales, bicarbonatées mixtes, arsenicales, siliceuses, ferrugineuses* et *gazeuses.*

2° La cure montdorienne proprement dite (cure de Boisson, cure de Bains hyperthermaux à eau courante, cure d'Inhalation, intimement combinées à la cure d'Altitude) est une médication — locale et générale — à effets *sédatifs, décongestifs* et *reconstituants,*
    dont la SPÉCIALISATION DIATHÉSIQUE est ANTI-ARTHRITIQUE.
    et dont la SPÉCIALISATION FONCTIONNELLE PRINCIPALE est RESPIRATOIRE.

3° A sa SPÉCIALISATION FONCTIONNELLE *principale ou primaire* s'en annexent de *secondaires,* concernant :
    a) Certains malades algiques — dont les affections arthralgiques, myalgiques ou névralgiques (les sciatiques notamment) survenant sur le fonds constitutionnel du terrain arthritique, se trouvent soulagées ou guéries sous l'action décongestionnante et révulsive des demi-bains hyperthermaux, autant et mieux parfois que sous l'effet de diverses autres cures où la spécialisation — comme à Néris, Bourbonne, Luchon, Bigorre, Ax-les-Thermes, Aix-les-Bains, par exemple, — semble s'adresser plutôt aux déviations organiques et fonctionnelles du système nerveux ;
    b) certains diabétiques gras et résistants, sujets aux poussées congestives pharyngo-trachéales et broncho-pulmonaires, et chez lesquels la médication décongestionnante et sédative du Mont-Dore combat l'affection respiratoire et milite efficacement contre l'invasion ou contre l'expansion de la tuberculose, tout en abaissant de façon très notable et très persistante le taux de la glycosurie ;
    c) certains dermopathiques, dont les arthritides vésiculeuses alternent ou coïncident, surtout sous forme de poussées eczémateuses légères et fugaces, avec des affections congestives ou spasmodiques de l'appareil respiratoire, et dont la médication sédative et résolutive montdorienne peut assurer la guérison.

4° C'est encore en raison de sa SPÉCIALISATION FONCTIONNELLE (et souvent même de sa DOUBLE SPÉCIALISATION FONCTIONNELLE ET DIATHÉSIQUE) que le Mont-Dore revendique à très juste titre — parmi les malades atteints d'affections respiratoires, congestives ou spasmodiques — tous ceux que j'ai appelés les accidentés de l'appareil respiratoire : les traumatisés, les intoxiqués, les infectés, au nombre desquels, il faut ici compter principalement toute une catégorie de tousseurs, de catarrheux, de dyspnéïques, d'adénopathiques, qui, depuis des mois, traînent les séquelles de leurs contaminations coquelucheuse, rubéolique, ourlienne ou grippale, et que la médication détersive, décongestionnante et résolutive débarrasse promptement de leurs infirmités respiratoires purement contingentes.

C'est, le plus souvent aussi, à sa double spécialisation, respiratoire et anti-arthritique, que le Mont-Dore doit sa juste réputation de préserver efficacement certains prédisposés à la bacillose ; de guérir ou de grandement améliorer *certains* tuberculeux avérés, à manifestations congestives ou spasmodiques — pourvu qu'il soit tenu compte sévèrement des contre-indications formulées, dans la très délicate sélection de cette catégorie de malades.

C'est enfin sa double spécialisation fonctionnelle et diathésique qui vaut à cette station ses succès chez les asthmatiques.

5° Non seulement à titre CURATIF, parce qu'il enraye l'évolution commençante de leurs altérations pharyngées, laryngo-trachéales, bronchitiques et pleuro-pulmonaires — mais aussi à titre PRÉVENTIF, parce qu'il modifie, avec leur tempérament, leurs aptitudes et leurs habitudes fonctionnelles, parce qu'il empêche leurs déviations fonctionnelles de devenir organiques, — le Mont-Dore est la station des enfants et des adolescents, non moins que des adultes ; des enfants que le neuro-arthritisme (avec sa modalité réactionnelle aux diverses injures pathogènes frappant les voies aériennes) expose tant aux affections congestives ou spasmodiques de l'appareil respiratoire.

C'est à l'avant-garde de l'Hygiène thérapeutique que doivent être placées ces cures thermales, *préventives rédemptrices*, véritable instrument de puériculture, nécessaires pour éviter ou corriger, en temps opportun, les plis fonctionnels défectueux qui s'impriment si facilement et si profondément pendant toute la période de croissance.

*
* *

Vous vous rappellerez, Messieurs, tout l'intérêt et toute l'étendue de ce domaine thérapeutique, si merveilleusement entrevu par l'empirisme gallo-romain, si justement conservé par la médecine traditionnelle, si précisément confirmé par les méthodiques observations de la clinique moderne ; vous vous souviendrez de la portée médicatrice du Mont-Dore, dont la spécialisation fonctionnelle embrasse, à titre préventif, non moins qu'à titre curatif, toutes les Arthritides respiratoires.

Sans préjugé, sans exagération ni faux amour-propre national, vous retiendrez que — pour analogues qu'elles soient en tant que composition minérale, pour comparables qu'elles soient comme spécialisation respiratoire — aucune des Eaux de la France ou de l'Etranger ne peut exactement se substituer à celle-ci.

La cure montdorienne n'a pas de vraie rivale, parce qu'aux actions particulières du médicament hydro-minéral organique — employé dans toute l'activité vivante de ses sources hyperthermales, à l'issue même des griffons — elle combine intimement les effets thérapeutiques de ses 1,050 mètres d'altitude. A cet égard — sauf Wissembourg, en Suisse, dont la minéralisation, d'ailleurs, diffère — on ne peut lui comparer : ni Reichenhall, en Bavière (470"), ni dans le Tannus, Wiesbaden (117"), ni dans la Prusse rhénane Kissingen (120") ou Kreuznach (105"), ni dans le duché de Nassau, Ems (90").

Ce que je vous ai dit de son altitude et de ses richesses hydro-minérales, ce que vous avez constaté de son installation hygiénique et de son outillage thérapeutique, ce que vous savez, Messieurs, de l'expansion progressive du neuro-arthritisme, justifie la renommée du Mont-Dore.

De cette visite du V. E. M. aux Eaux minérales d'Auvergne, il vous restera le souvenir que la station du Mont-Dore n'est pas seulement l'une des plus belles de la France, mais qu'elle est — en raison de l'importance de sa spécialisation diathésique et respiratoire — l'une des plus puissantes du monde, assurément l'une des plus pitoyables, puisqu'elle soulage, améliore et guérit les gens souffrant d'affections respiratoires, lesquels représentent peut-être la majeure partie des malades.

INDEX

PAGES

Tableau synoptique de la cure montdorienne 3

Division du sujet... 5

LE MÉDICAMENT MONTDORIEN

I. — Topographie de la station climatique 7

II. — Ancienneté de la Spécialisation respiratoire (*établie sur l'observation empirique et clinique*) 7

III. — Rénovation hygiénique de la station thermale................ 9

IV. — L'Eau minérale : aménagement, constitution, dynamisme 10

LA MÉDICATION MONTDORIENNE

I. — Énumération des médications annexes et de certaines applications localisées (rhino-pharyngo-laryngiennes), de la cure montdorienne proprement dite............................ 13

II. — Médication principale : 13

    A). Cure de Boisson 14

    B). Cure d'Immersions hyperthermales (demi-bains à eau courante, pédiluves et manuluves)...................... 16

    C). Cure d'Inhalation.................................. 17

III. — Rôle spécial du milieu d'Altitude dans la cure mondorienne 21

LES JUSTICIABLES DE LA CURE MONTDORIENNE

I. — En raison de l'état général :

    Les diathésiques...................................... 23

    Les affectés respiratoires, avec dénutrition accidentelle 23

    Les menacés à l'âge avancé et à l'âge de croissance 25

II. — En raison des affections respiratoires plus ou moins localisées :

    Les Rhino-pharyngitiques et les Laryngitiques,............. 25

    Les sujets atteints ou menacés de Trachéo-Bronchite, de Congestions pleuro-pulmonaires et d'Emphysème,........ 26

    Certains Tuberculeux pleuro-pulmonaires ou Prétuberculeux . 26

    Les Asthmatiques 28

III. — Contrindications...................................... 31

RÉSUMÉ ET CONCLUSIONS 32

Itinéraire du V. E. M. en 1904, aux Stations du Centre

d'après la Carte des Stations thermales, marines et climatiques françaises,
dressée par le Professeur Landouzy et le Docteur Carron de la Carrière,
pour les *Voyages d'Études Médicales* ; — Henri Barrère, éditeur.

www.ingramcontent.com/pod-product-compliance
Lightning Source LLC
Chambersburg PA
CBHW060503210326
41520CB00015B/4079

* 9 7 8 2 0 1 9 5 8 8 5 1 9 *